CATERPILLAR
Militär-Kettenfahrzeuge

P. A. Letourneau

CATERPILLAR
Militär-Kettenfahrzeuge

Fotos aus den Firmenarchiven der Caterpillar Inc.

DÖRFLER
FAHRZEUGTECHNIK

Übertragung aus dem Amerikanischen: Jürgen Brust, M.A.
Umschlaggestaltung: Andreas Dorn

1 2 3 4 5 6 5 4 3 2

VORWORT

Wer sich für die Geschichte der Maschinen und mechanischen Geräte interessiert, findet Informationen in Büchern, Zeitschriften, Briefen und persönlichen Unterlagen. Büchereien und Archive in aller Welt haben alles Wichtige zusammengetragen. Dort findet der Leser Texte in allen Sprachen, die sich mit jedem nur denkbaren Thema befassen.

Worte sind mächtig. Oft aber vermittelt der Eindruck eines einzigen Bildes, eines Fotos oder einer Zeichnung viel mehr als Dutzende Textseiten. So können wir von Glück reden, dass die Archive nicht nur Texte aufbewahren, sondern auch über Bilder verfügen.

Dieses Buch zeigt ausgewählte Fotos und Zeichnungen aus den Firmenarchiven der Caterpillar Inc. Hier sollen die Bilder die Geschichte erzählen und die Eigenarten ihrer Motive festhalten. Sie werden hier so abgedruckt, wie sie im Archiv zu finden sind. Auch die Bildunterschriften stammen ausschließlich aus dem Archiv.

Damit wendet sich dieses Buch an Jung und Alt, an Liebhaber, Sammler und alle, die wie wir von Maschinen fasziniert sind.

Im vorliegenden Bildband werden militärische Zugmaschinen und Selbstfahrlafetten von Caterpillar gezeigt, Fotos von der Invasion der USA in Mexiko 1916, im Ersten und Zweiten Weltkrieg sowie im Koreakrieg. Viele Aufnahmen sind auf dem Gefechtsfeld oder hinter den Linien der Alliierten entstanden, die meisten allerdings stammen aus dem Werk oder von Feldversuchen der Truppe. Das Buch enthält außerdem ein separates Kapitel über die Caterpillar-Selbstfahrlafetten aus dem Ersten Weltkrieg.

Ein Peoria auf der Straße nach Ledo. Dieses Bild von Bingham schmückte die Werbung von Caterpillar im November 1944.

EINLEITUNG

Von Beginn an haben die Zugmaschinen, Motoren und Stromaggregate von Caterpillar im Ersten Weltkrieg eine wichtige Rolle bei Feldzügen in aller Welt gespielt. Die ersten militärischen Caterpillar-Zugmaschinen verkaufte die Holt Manufacturing Company im Jahr 1914 an das französische Kriegsministerium. Im Jahr 1915 folgten Lieferungen an die britische und die russische Regierung. Das Waffen- und Geräteamt der US Army bestellte 1916 die ersten Caterpillars. Die Zugmaschinen transportierten Artilleriegeschütze, Munition und andere Vorräte – eine Arbeit, die vorher Pferden vorbehalten war. Die Nachfrage im Krieg war so groß, dass die Fabriken von Holt die Sechstagewoche einführten. Bis zum Ende des Ersten Weltkriegs hatten die Fabriken in Stockton und Peoria 5082 Zugmaschinen für verschiedene Streitkräfte gebaut. Weitere 4689 Exemplare wurden von anderen Herstellern in Lizenz unter der Aufsicht von Holt gebaut.

In den 20er und 30er Jahren gingen die Verkäufe an das Militär zurück. Erst mit dem Ausbruch des Zweiten Weltkriegs stieg die Nachfrage wieder. Im Jahr 1940 gingen 30 Prozent der Produktion der Caterpillar Tractor Company als militärische Baumaschinen nach Übersee. Mit dem Eintritt der Vereinigten Staaten in den Krieg stieg die Nachfrage nach Bulldozern, Planiermaschinen, Motoren und Stromaggregaten derart an, dass schließlich 85 Prozent der Produktion direkt an die US-Regierung gingen. Auch im Koreakrieg war der Bedarf hoch, und selbst heute noch spielen die Geräte von Caterpillar eine wichtige Rolle bei der Unterstützung von UN-Maßnahmen.

INVASION DER USA IN MEXIKO
ERSTER WELTKRIEG

General Pershing (links) und sein Stab beobachten Caterpillar-Zugmaschinen bei Versuchen an der mexikanischen Grenze.

Holt 75 mit Anhängern an der mexikanischen Grenze.

Holt 75 mit Raupenanhängern des United States Quartermaster Corps (USQMC) beim Einsatz nahe der mexikanischen Grenze.

Holt 75 des USQMC mit Raupenanhängern an der mexikanischen Grenze.

Holt-Zugmaschinen bei der Ankunft in England. Das Foto entstand an den berühmten weißen Klippen von Dover.

Holt 18 bei der Ausstellung im Rahmen einer Parade. Peoria 1917.

Holt 120 im Tarnkleid.

Die Artilleriezugmaschine Modell 55, ein gepanzerter Zehntonner.

Die Artilleriezugmaschine Modell 55, ein gepanzerter Zehntonner.

Die Artilleriezugmaschine Modell 55, ein gepanzerter Zehntonner.

Ein Holt-Fünftonner bei der Karnevalsfeier der 3rd Army in Koblenz im April 1919.

Irgendwo in Frankreich.

Vorführung des Modells 45 in Fort Sill, Oklahoma im Jahr 1915.

Holt 45 Modell E HVS mit Winde und Panzerung.

Kletterversuch am Pikes Peak im Rahmen von Erprobungen der US Army.

CATERPILLAR
TRACTOR

Caterpillar-Erprobungen durch das USQMC im Jahr 1916.

Modell 60 in Saloniki, Griechenland, im Jahr 1915.

Zwei Holt 45 und ein Holt 75 der Zugmaschinengruppe in Camp Joseph E. Johnston, Florida.

Holt 120 bei Erprobungen der Pioniere der US Army in Leon Springs, Texas, im Jahr 1917.

Das gepanzerte Modell 18 aus dem Jahr 1915.

CATERPILLAR

Das gepanzerte Modell 18 aus dem Jahr 1915.

Long Track 120 (Modell mit langer Kette) bei Erprobungen der US Army im Jahr 1918.

Ein Long Track 45 erklimmt bei einem Feldversuch während des Ersten Weltkriegs eine steile Steigung in der Nähe des Werks Peoria. (Der Long Track 45 bestand größtenteils aus Bauteilen aus Stockton. In der Regel aber lieferte Stockton die Motoren, während Peoria die restlichen Teile lieferte und die Endmontage vornahm.)

Ein Holt 18 auf unwegsamer Strecke bei einer Erprobung im Auftrag der US-Regierung.

Die 3rd Field Artillery Brigade Division in Deutschland.

Gepanzerter Zehntonner.

Gepanzerter Zehntonner.

Caterpillars ziehen 42-cm-Haubitzen, die von den deutschen Truppen in Belgien erbeutet wurden.

Getarnter gepanzerter Fünftonner von oben betrachtet.

Vorderansicht eines gepanzerten
Fünftonners mit geöffneten Panzertüren.

Holt 18 bei der Erprobung in Fort Sam Houston, Texas, 1917.

Long Track 120 bei der Erprobung im Jahr 1918.

Long Track 120 bei der Erprobung im Jahr 1918.

Holt 120 mit Raupenanhänger und Holt-Zehntonner.

USQMC-Erprobung des Zehntonners.

CATERPILLAR

USQMC-Erprobung des Zehntonners.

Vorführung des Modells 45 in Fort Sill, Oklahoma, im Jahr 1915.

Ein Fünftonner im militärischen Dienst an der Nordwestgrenze der USA.

Ein US-Army-Fünftonner und zwei Fünftonnen-Anhänger im Werk.

Ein Holt 75 mit 20-Tonnen-Anhänger bei der Verlegung von Soldaten der Illinois National Guard von Eckwood Park nach Glen Oak Park, Illinois.

Holt 75, die 1916 in Stockton für die US-Regierung gebaut wurden.

Erprobung der Kletterfähigkeit eines Long Track 45 im Jahr 1917.

Vorführung des Modells 45 in Fort Sill, Oklahoma, im Jahr 1915.

Getarnter Zehntonner.

Getarnter Zehntonner bei Erprobungen für die US Army.

CATERPILLAR

Holt 18 bei Erprobungen für die US Army in Peoria.

Holt 120 und Raupenanhänger bei Erprobungen für die US Army.

Holt 18, der für Erprobungen beschafft wurde. Die Zugmaschine kämpft sich hier im November 1917 mit einer 152-mm-Haubitze durch ein Schlammloch.

Gepanzerte Artilleriezugmaschine Modell 45 von rechts vorn gesehen. Die Panzertüren sind geöffnet. Mai 1919.

Holt 75 bei der Erprobung in Fort Sam Houston, Texas, im Jahr 1917.

Ein Modell 75 zieht ein großes Geschütz in Stellung.

Ein Holt 120 zieht eine 203-mm-Haubitze.

Ein Modell 45 zieht an der Westfront ein großes Geschütz.

Ein Modell 45 zieht ein großes Geschütz in Stellung.

Ein Long Track 45 erklimmt bei einem Feldversuch während des Ersten Weltkriegs eine steile Steigung in der Nähe des Werks Peoria.

Die Artilleriezugmaschine Modell 55, ein gepanzerter Zehntonner.

SPECIAL
VEHICLE FOR
ORDNANCE DEPARTMENT

Ein Zehntonner der 3rd Army mit 155-mm-Geschütz in Deutschland.

Gepanzerter Zehntonner im Werk.

Holt 18 bei der Erprobung in Fort Sam Houston, Texas, im Jahr 1917.

Holt 20 und 30 mit Geschützen.

Caterpillar-Selbstfahrlafetten

Im Ersten Weltkrieg diente Pliny Holt im US-Waffenamt. Zusammen mit Major James B. Dillard entwickelte er eine Selbstfahrlafette auf Ketten für großkalibrige Geschütze und Haubitzen. Als die ersten beiden Prototypen fertig waren, ging der Krieg gerade zu Ende. Daraufhin beauftragte die Regierung das Holt-Werk in Stockton mit der Weiterentwicklung und Herstellung der Lafette.

Die folgende Aufzeichnung über die Konstruktion der Caterpillar-Selbstfahrlafette stammt aus einem Heft, das von Holt herausgegeben wurde und sich heute im Firmenarchiv der Caterpillar Inc. befindet.

Die Konstruktion der Caterpillar-Selbstfahrlafette

Zweifellos war die Caterpillar-Selbstfahrlafette das großartigste Artillerieerzeugnis im Ersten Weltkrieg, obwohl sie gar nicht aktiv am Krieg teilnahm. Es war schon immer das größte Problem der Artillerie, im offenen Krieg mit der Infanterie Schritt zu halten. Zum Ende des Krieges kam man der Lösung des Problems näher als je zuvor. Erreicht wurde dies mit der „Caterpillar"-Artilleriezugmaschine, die Geschütze und Munition durch schwierigstes Gelände schleppte, das für andere Fahrzeuge absolut unzugänglich war. Mit der „Caterpillar"-Zugmaschine konnte die Artillerie auch ohne gute Straßen und Eisenbahngleise das Feld erobern. In einigen Fällen gab es allerdings Schwierigkeiten, Geschütze oder Anhänger durch Gelände zu ziehen, das die Zugmaschine allein mühelos durchqueren konnte. Zum Teil konnte das Problem dadurch gelöst werden, dass man Geschütze und Anhänger ebenfalls mit Ketten versah. Andere Nachteile blieben aber, so das schwierige und zeitaufwändige Rangieren der Geschütze in schlecht zugänglichen Stellungen. Die Beobachtungsmethoden werden obendrein immer besser, so dass sich die Artillerie gut geschützte, dafür in der Regel schlecht erreichbare Stellungen suchen muss. Somit ist deutlich geworden, dass das ideale Artilleriegerät eine Selbstfahrlafette ist. Schon kurz nach dem Kriegseintritt unseres Landes wurden die Schritte zur Konstruktion und Produktion eines derartigen Fahrzeugs eingeleitet.

Pliny E. Holt, der bei der Erfindung und der Vollendung der „Caterpillar"-Zugmaschine eng mit Benjamin Holt zusammenarbeitete und viele Jahre lang Zugmaschinen entwickelt und konstruiert hatte, wurde überredet, bei der Holt Manufacturing Company zu kündigen und für die Regierung die Entwicklung der Caterpillar-Selbstfahrlafette zu übernehmen. Die Modelle Mark I, II, III und IV wurden während des Krieges entwickelt und waren nach umfassenden, harten Erprobungen reif für die Serienproduktion, als der Waffenstillstand unterzeichnet wurde. Natürlich wurden mit der Einstellung der Feindseligkeiten sämtliche Produktionspläne gestoppt, aber die vier Selbstfahrlafetten eröffneten derartige Möglichkeiten, dass die Regierung der Holt Manufacturing Company in Stockton, Kalifornien, einen Auftrag zur Weiterentwicklung erteilte. Die Modelle Mark VI, VII und IX entstanden zwischen 1919 und 1921 in Stockton.

Zusammenfassend lässt sich sagen, dass bis zur Fertigstellung des Mark IX unter Beweis gestellt worden ist, dass die Caterpillar-Selbstfahrlafetten Geschütze und Haubitzen von beträchtlichem Kaliber transportieren können; dass sie Dauergeschwindigkeiten von um 20 km/h und in Notfällen sogar eine Höchstgeschwindigkeit von 48 km/h erreichen können; dass sie extrem steile Steigungen, weiche Böden und unwegsames Gelände bewältigen; dass der Motor wasserdicht gemacht werden kann und das Fahrzeug damit Flüsse durchqueren kann, in denen es ganz unter Wasser verschwindet; dass die Lafetten eine perfekte Stabilität beim Schießen bieten; und dass die Erschütterungen beim Abfeuern dem Antrieb der Lafette keinerlei Schaden zufügen.

Selbstfahrlafette Mark I

Die Caterpillar-Selbstfahrlafette Mark I wurde während des Krieges durch das US-Waffenamt unter der Leitung von Pliny E. Holt konstruiert. Das Gesamtgewicht beträgt 26,3 t, das Geschütz allein – eine britische 203-mm-Haubitze vom Typ Mark VIII$^{1}/_{2}$ – wiegt 3,5 t. Das Geschütz feuert ein 200-Pfund-Geschoss ab und hat eine Reichweite von 11 000 m, eine maximale Erhöhung von 45° und einen Schwenkbereich von 8°. Die Lafette wird von einem Benzinmotor angetrieben und erreicht Geschwindigkeiten zwischen 1,6 und 6,5 km/h. Das Fahrzeug misst in der Länge 7,21 m, in der Höhe 2,74 m und in der Breite 3 m.

Die Lafette bietet die gleiche Erhöhung und den gleichen Schwenkbereich wie die Standard-Radlafette. Natürlich kann ganz einfach ein Schwenkbereich von 360° erzielt werden, indem die ganze Lafette gedreht wird.

Beim Rahmen des Fahrzeugs handelt es sich um einen Kastenrahmen aus Gussstahl mit einer Öffnung in der Mitte für den Rücklauf des Geschützes. Durch die Position des Geschützes vorn auf der Lafette ist diese extrem stabil.

Vor der Unterzeichnung des Waffenstillstands wurden zwei Selbstfahrlafetten Mark I fertig gestellt und erprobt, und die Erprobungen fielen zur vollsten Zufriedenheit aus.

Selbstfahrlafette Mark II

Die Caterpillar-Selbstfahrlafette Mark II trägt ein 155-mm-Geschütz Modell 1918. Das Geschütz wiegt 3970 kg; Lafette und Geschütz zusammen bringen es auf 27,7 t. Das Geschütz feuert ein 95-Pfund-Geschoss über eine Entfernung von 16,2 km. Das Fahrzeug ist etwas kürzer und niedriger als der Mark I; die Gesamtmaße betragen 7,21 m in der Länge, 2,44 m in der Höhe und 3 m in der Breite.

Der Gussstahlrahmen des Fahrzeugs ist hinten U-förmig ausgebildet, um eine Öffnung für den Rücklauf des Rohres zu lassen. Mit dieser Konstruktion ist das Laden des Geschützes wesentlich einfacher als bei der Haubitze auf dem Mark I.

Angetrieben wird der Mark II durch einen Benzinmotor unter dem vorderen Ende des Geschützes. Die Marschgeschwindigkeit liegt zwischen 2,1 und 8,6 km/h.

Beim Mark II wurden wie bei allen frühen Lafetten, die noch während des Krieges entwickelt wurden, soweit wie möglich serienmäßige Teile der Caterpillar-Zugmaschinen benutzt, um die Entwicklung und die Produktion zu beschleunigen und um der ohnehin schon stark belasteten Rüstungsindustrie weitere Forderungen zu ersparen.

Von der Caterpillar-Selbstfahrlafette Mark II wurden acht Exemplare gebaut und an die Truppe übergeben.

Selbstfahrlafette Mark III

Die Caterpillar-Selbstfahrlafette Mark III wurde für das größte Geschütz ausgelegt, das bis dahin überhaupt auf ein Fahrzeug montiert wurde – die 240-mm-Haubitze Modell 1918. Das Ungetüm wog 4890 kg und verfeuerte ein 356-Pfund-Geschoss über 15,5 km.

Fahrzeug und Geschütz wiegen zusammen 48,2 t. Das ist natürlich nicht ganz ideal, denn es liegt deutlich über der zulässigen Belastung der normalen Straßenbrücken. Außerdem scheint es übertrieben zu sein, wenn man sich die später entwickelten Selbstfahrlafetten vor Augen führt. Das gilt allerdings auch für Mark I und Mark II. Man muss aber berücksichtigen, dass diese ersten Lafetten aus der Not geboren waren. Sie wurden in kürzester Zeit entwickelt und sollten notfalls auch ohne große Erprobung im Feld gebaut werden. Daher wurden die Teile eher großzügig dimensioniert, was natürlich auf das Gewicht schlägt.

Der Mark III misst 7,56 m in der Länge, 2,87 m in der Höhe und 3 m in der Breite. Er erreicht Marschgeschwindigkeiten zwischen 1,6 und 6,9 km/h. Ein besonderes Merkmal ist der Aufbau mit einer zusätzlichen Rohrbremse. Allerdings war die Lafette so robust, dass sie kaum auf die Rohrbremse angewiesen war.

Selbstfahrlafette Mark IV

Die Caterpillar-Selbstfahrlafette Mark IV unterscheidet sich auffallend von den anderen Fahrzeugen dieser Klasse. Sie wurde zwar als Lafette für die gleiche Haubitze gebaut wie der Mark III, besteht aber aus zwei praktisch identischen Fahrzeugen, beide mit Elektromotoren. Ein Fahrzeug trägt das Geschütz, das andere die benzinbetriebene Stromerzeugungsanlage und 42 Schuss Munition. Auf der Straße wurden beide Fahrzeuge gekoppelt. Die Stromversorgung erfolgte über ein starkes Kabel vom Anhänger zur Zugmaschine. Für das Überqueren von Brücken oder das Manövrieren in engen Räumen gab es ein Verlängerungskabel, das der Lafette eine erstaunliche Bewegungsfreiheit gab.

Die Lafette selbst ist genauso aufgebaut wie der Mark III und verfügt über die gleiche Rohrbremse. Ein Ausleger mit Schraubspindel sorgte für die nötige Stabilität beim Schießen.

Der Mark IV ist wesentlich leichter als der Mark III. Jedes einzelne Fahrzeug wiegt nur 32,4 t. Die Gesamtlänge beträgt 9,32 m, die Höhe 3,96 m und die Breite 2,59 m. Die Lafette erreicht Marschgeschwindigkeiten zwischen 1,6 und 12,8 km/h.

Selbstfahrlafette Mark VI

Die Caterpillar-Selbstfahrlafette Mark VI wird an dieser Stelle genannt, um die numerische Reihenfolge einzuhalten. Tatsächlich wurde sie nach dem Mark VII entwickelt und gebaut und verfügt über viele wichtige Neuerungen. Der Mark VII stellt bis heute den Höhepunkt der Entwicklung in der Klasse der kleineren Lafetten dar. Er trägt entweder das 75-mm-Geschütz oder die 105-mm-Haubitze des Modells 1920. Das komplette Fahrzeug wiegt lediglich 59 t. Es ist gegen Wasser abgedichtet, sodass der Antrieb auch in tieferem Wasser noch problemlos erfolgt – ganz wichtig, wenn man ohne Brücken Flüsse überqueren möchte. Am wichtigsten aber ist die Marschgeschwindigkeit, die zwischen 1,6 und 48 km/h liegt.

Der Mark VI wurde 1920–1921 im Werk Stockton der Holt Manufacturing Company gebaut. Diesmal kamen keine Standardbauteile zur Anwendung. Motor, Ketten und andere Teile wurden speziell angefertigt. Ganz neu war der vermehrte Einsatz von Gummiteilen. Es gab Gummipolster für die Kettenglieder und Gummiradkränze für die Antriebsräder, Kettenräder, Leiträder und Stützrollen. Mit umfassenden Dauertests konnte unter Beweis gestellt werden, dass Gummi erstaunlich widerstandsfähig ist und wichtige Vorteile bringt. Er absorbiert Stöße und Vibrationen und schützt vor allem die Straßen vor Schäden. Erst dadurch konnten die enormen Geschwindigkeiten erzielt werden.

Der Mark VI verfügt über leichte Ausleger und zeigte bei den Schießversuchen absolute Stabilität. Außerdem läuft er bemerkenswert leise. Der Bodendruck unter den Ketten beträgt weniger als 0,42 kg/cm^2. Der Mark VI ist lediglich 1,96 m breit, 1,93 m hoch und 4,06 m lang. Der Wendekreis beträgt bescheidene 2,64 m.

Selbstfahrlafette Mark VII

Die Caterpillar-Selbstfahrlafette Mark VII wurde 1919 im Werk Stockton gebaut. Es handelte sich um die erste Selbstfahrlafette für 75-mm-Geschütze. Während der umfangreichen Erprobungen wurden die zahlreichen Merkmale und Verbesserungen entwickelt, die später dem Mark VI zugute kommen sollten. Der Mark VII ist im Prinzip ein Sammelsurium aus verschiedenen Quellen. Zahlreiche Bauteile kamen von der 2,5-t-Caterpillar-Artilleriezugmaschine, und für den Antrieb sorgte ein Cadillac-Motor.

Der Mark VII wiegt fahrfertig 4,8 t, wovon 340 kg auf das 75-mm-Geschütz Modell 1916 entfallen. Er ist auch etwas kleiner als der Mark VI: die Länge beträgt 3,43 m, die Höhe 1,60 m und die Breite 1,80 m.

Der Mark VII war die erste Lafette mit wasserdichtem Antrieb und stellte die Möglichkeiten des Unterwasserbetriebs unter Beweis. Er war mit 4,8–24 km/h auch schneller als alle anderen Zugmaschinen zuvor und eröffnete so den Weg für die Entwicklung, die in dem 48 km/h schnellen Mark VI gipfelte.

Obwohl der Mark VI den Mark VII inzwischen abgelöst hat, hat der Mark VII als wichtiger, notwendiger Schritt zur Entwicklung der idealen Selbstfahrlafetten für kleinere Geschütze seinen Platz in der Geschichte verdient.

Selbstfahrlafette Mark IX

Die Caterpillar-Selbstfahrlafette Mark VII ist die neueste und beste der größeren Lafetten. Wie beim Mark VI handelt es sich um eine Mehrzwecklafette für entweder ein 155-mm-Geschütz oder eine 203-mm-Haubitze, beide vom Modell 1920. Der Mark IX wiegt fahrfertig nur 20,4 t. Für den Antrieb sorgt ein Sechszylinder-Benzinmotor mit 250 PS, der Straßengeschwindigkeiten von 19–25,6 km/h ermöglicht.

Die Gesamtlänge des Mark IX beträgt 7,28 m, die Höhe 2,06 m und die Breite 2,79 m.

Beim Mark IX kommt in großer Menge Gummi an den beweglichen Teilen der Kette zum Einsatz. Daher läuft er bemerkenswert leise und kann hohe Geschwindigkeiten erreichen, ohne dass diese sich nachteilig auf die Mechanik auswirken.

Die Lafette verfügt über schwimmende Ausleger, die die Stabilität sichern und bis zu 2,10 m Wassertiefe wasserdicht sind.

ZWEITER WELTKRIEG
KOREAKRIEG

Ein Caterpillar D4 der 5th Army überquert im Oktober 1943 den italienischen Fluss Volturno auf einer Pontonbrücke.

One More River to Cross. Mit diesem Gemälde von Lyman Anderson wurde im November 1942 die Caterpillar-Werbung illustriert.

Ein Caterpillar D7 und ein Schrapper vom Typ LeTourneau Carryall schaffen Sand heran, um Löcher auf einem Flugplatz irgendwo in Alaska zu verfüllen.

Ein Caterpillar D8 des US Marine Corps schleppt im September 1943 in der Nähe von Guatemala City ein ziviles Fahrzeug über eine gewaltige Steigung auf dem Panamerika-Highway.

Ein Caterpillar D7 mit einem LeTourneau-Räumschild verfüllt im Januar 1943 einen Krater, den eine 500-Pfund-Bombe in Nordafrika hinterlassen hat.

Bomber Squadron. Dieses Gemälde eines unbekannten Künstlers zierte im Dezember 1942 die Caterpillar-Werbung.

Ein Caterpillar D8 zieht im Februar 1945 einen Schrapper einer Seabee-Einheit. Er arbeitet gerade an einem Abschnitt des Flugplatzes auf Tinian in den Marianen. Am Himmel drei B-29 der Superfortress-Flotte.

Ohne Titel. Künstler unbekannt.

Die US-Truppen erobern am 14. Juni 1943 Attu, die westlichste Insel der Aleuten. Über den Strand verteilt sind Soldaten, Gerät und Vorräte für die US-Soldaten, die von den Transportschiffen vor der Küste ausgeschifft wurden. Im Vordergrund transportiert eine Caterpillar-Dieselzugmaschine mit einem Athey-Kettenanhänger Material.

They Fought the Battle of Pelican Rapids. Dieses Bild von Geoffrey Biggs war im Juli und August 1943 in der Caterpillar-Werbung zu sehen.

Ein Caterpillar D4 mit Räumschild von LaPlant-Choate räumt im November 1943 Bombentrümmer in den Straßen von Neapel.

As Fast as Troops Can March. Im August und September 1943 war dieses Gemälde von Clymer in der Caterpillar-Werbung zu sehen.

Ohne Titel. Gemälde von Bingham.

Eine 37-mm-Panzerabwehrkanone wird an einen Caterpillar D4 gekoppelt, um sie zum Inneren der Insel zu bringen. Massacre Bay, Attu, Aleuten, im Mai 1943.

Ein Straßenplanierer Caterpillar Diesel Nr. 12 planiert am 29. März 1941 eine Straße in Camp San Luis Obispo, Kalifornien.

Ohne Titel. Künstler unbekannt.

What the Little Jap General Forgot. Dieses Gemälde von Geoffrey Biggs war im März 1943 in der Werbung von Caterpillar zu finden.

Thunder over Africa. Ein Bild von M. de V. Lee aus der Caterpillar-Werbung vom März 1943.

Ein Caterpillar D8 mit LeTourneau-Räumschild rodet im Juli 1944 Palmen auf einer Insel irgendwo im Südpazifik.

Caterpillar D8 mit Räumschild arbeiten im Oktober 1944 an einem Landestreifen in Eniwetok auf den Marshall-Inseln.

Ein Caterpillar D7 der US Army verlegt ein Geschütz an einen anderen Standort. Fort Kamehamaha, Oahu, Hawaii, Oktober 1940.

Crash Landing. Ein Gemälde von Stevan Dohanos aus der Caterpillar-Werbung vom April 1944.

Pioniere der 2nd Infantry Division bauen am 25. September 1950 einen Übergang über den Fluss Han für schweres Gerät, um die Infanterie zu unterstützen.

Zwei Unteroffiziere der US Army fahren am 7. März 1951 ihre Planierraupe an die Seite, um den Verkehr passieren zu lassen. Die Männer des 3rd Engineer Battalion 24th Infantry Division setzen in Korea eine Straße instand.

Ein Gefreiter der 630 Light Engineer Company der US Army schiebt am 23. Februar 1951 den Schotter zusammen, der von einem Steinbrecher produziert wird.

Ein Caterpillar D7 und ein Caterpillar-Straßenplanierer irgendwo in Korea.

Ein Straßenplanierer Caterpillar Diesel Nr. 12 und ein D7 bauen im Oktober 1950 die Start- und Landebahn in Ebee Field, Fort Belvoir, Virginia, aus.

Caterpillar-Gerät wird aus einer C-124 Douglas Globemaster der US Air Force ausgeladen.

CATERPILLAR-ZUGMASCHINEN IM ERSTEN WELTKRIEG

Fahrzeuge der Holt Manufacturing Company

	18 PS	**45 PS**	**55 PS**	**60 PS**	**75 PS**	**120 PS**	**Gesamt**
US-Regierung	2	74	2102	0	370	433	2081
Britisches Kriegsministerium	1	1	1	43	1362	243	1051
Französisches Kriegsministerium	0	352	0	0	18	0	370
Russische Regierung	0	0	0	20	60	0	80
Gesamt	**3**	**407**	**2103**	**63**	**1810**	**676**	**3582**

Fahrzeuge anderer Hersteller, die unter Lizenz und Aufsicht von Holt für die US-Regierung gebaut wurden.

Reo Motor Car Company	5-t-Zugmaschine	1477
Maxwell Motor Car Company	6-t-Zugmaschine (Renault-Panzer)	225
	5-t-Zugmaschine	2193
Federal Motor Truck Company	2,5-t-Zugmaschine	87
Interstate Motor Company	2,5-t-Zugmaschine	7
Chandler Motor Car Company	10-t-Zugmaschine	700
Gesamt		**4689**

Danksagung

Die Fotos, Bildunterschriften und zugehörigen Informationen für dieses Buch wurden uns von den Firmenarchiven der Caterpillar Inc. zur Verfügung gestellt. Wir bedanken uns bei der Caterpillar Inc. und ihrer Archivarin Joyce Luster für die Genehmigung, das Material abzudrucken.